《问问物理学》

人在太空中能听到声音吗？

你好？

[英] 安娜·克莱伯恩 著　胡良 译

电子工业出版社
Publishing House of Electronics Industry
北京·BEIJING

Can you hear sounds in space? and other questions about sound
First published in Great Britain in 2020 by Wayland
© Hodder and Stoughton, 2020
All rights reserved.

本书中文简体版专有出版权由HODDER AND STOUGHTON LIMITED经由CA-LINK International LLC授予电子工业出版社，未经许可，不得以任何方式复制或抄袭本书的任何部分。

版权贸易合同登记号　图字：01-2021-1839

图书在版编目（CIP）数据

问问物理学.人在太空中能听到声音吗？/（英）安娜·克莱伯恩著；胡良译.--北京：电子工业出版社，2022.6
ISBN 978-7-121-43354-2

Ⅰ.①问… Ⅱ.①安… ②胡… Ⅲ.①物理学－少儿读物
Ⅳ.①O4-49

中国版本图书馆CIP数据核字（2022）第070692号

责任编辑：刘香玉
印　　刷：北京瑞禾彩色印刷有限公司
装　　订：北京瑞禾彩色印刷有限公司
出版发行：电子工业出版社
　　　　　北京市海淀区万寿路173信箱　邮编：100036
开　　本：889×1194　1/16　印张：10　字数：207千字
版　　次：2022年6月第1版
印　　次：2022年7月第2次印刷
定　　价：120.00元（全5册）

　　凡所购买电子工业出版社图书有缺损问题，请向购买书店调换。若书店售缺，请与本社发行部联系，联系及邮购电话：（010）88254888，88258888。
　　质量投诉请发邮件至zlts@phei.com.cn，盗版侵权举报请发邮件至dbqq@phei.com.cn。
　　本书咨询联系方式：（010）88254161转1826，lxy@phei.com.cn。

目录

嘎吱嘎吱！

注意！危险的声音

声音是什么？

无论我们身在何处，声音总是围绕在我们周围。

嘟嘟！嘟嘟！

叮叮！叮叮！

喵呜！

呜呜呜呜呜呜呜

无论何时，无论何地，总会有东西发出声音。无论是车来车往的声音，还是音乐声、人们的交谈声、时钟的嘀嗒声，或者仅是你自己的呼吸声。那么，声音究竟来自哪里呢？当锣鼓喧天或救护车警笛声大作时，实际上发生了什么？

声音是空气的运动

声音是一种能量，就像光能、热能、动能一样。事实上，声音是一种运动的能量。下面是声音的发生过程：

哎！哎！嗒嗒！哎！

鼓手敲击鼓面；

鼓面快速振动；

振动推动周围的空气；

空气以同样的模式开始振动；

振动以波的形式通过空气向四周传播，这种波被称为声波。

感知声音

大多数动物，包括人类在内，已经进化出通过接收空气中的振动来感知声音的能力。

蛇没有像我们一样的耳朵，但它们能用身体来感知声音的振动。

我们头部的耳朵是收集声音的器官。

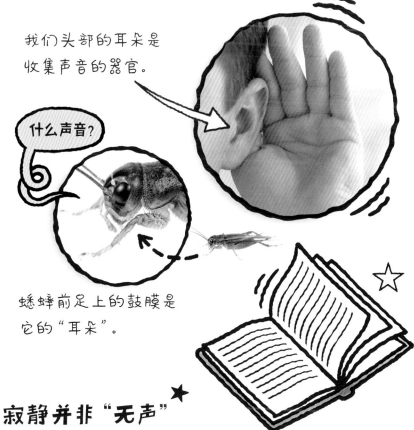

什么声音？

蟋蟀前足上的鼓膜是它的"耳朵"。

灵敏的听觉

听觉十分有用，它可以向我们警示危险，也可以帮助我们寻找东西。

咔嚓！

哎哟！

我们利用听觉来实现讨论、交流，或者以音乐和舞蹈的形式来娱乐。

寂静并非"无声"

即便有时你觉得周围很安静，但其实仍有声音存在。例如，在安静的图书馆里，仔细听听，你仍然可以听到低声耳语、翻书声、室外的风声、远处的车流声，或者你自己的呼吸声。

科学家们曾经建造了完全隔音的房子——消声室，里面没有任何回声，几乎完全静寂。

但置身其中，人们并没有感受到平静和放松，反而倍感害怕、困惑，甚至会生病。

多数人的大脑无法应对或适应这种几乎纯粹的静音环境！

这里静得可怕，快让我出去吧！

消声室

声音是如何"钻"进我们的耳朵的?

空气中充满了声波,它们从各个方位向我们传来。然而,神奇的是,我们能够听到并一一把它们辨识出来。那么,我们是怎样做到的呢?

当声波"钻"进耳朵时,到底发生了什么?

来回振动的一点点空气是怎样告诉你有鸟在唱歌、有车驶来,或者有朋友在呼唤你的?

耳朵"真相"

你可能会认为我们的耳朵只是头部两侧凸出的器官,其实远不止这些!它们实际上深入到你的头骨内部,与你的大脑相连。

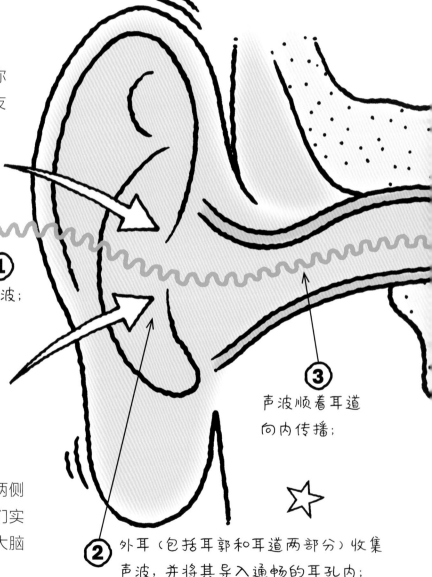

① 声波;

② 外耳(包括耳郭和耳道两部分)收集声波,并将其导入通畅的耳孔内;

③ 声波顺着耳道向内传播;

理解声音

在大脑内部，声音信号被传送到专门处理声音的听觉皮层。

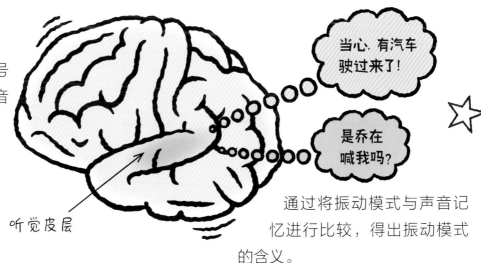

当心，有汽车驶过来了！

是乔在喊我吗？

听觉皮层

通过将振动模式与声音记忆进行比较，得出振动模式的含义。

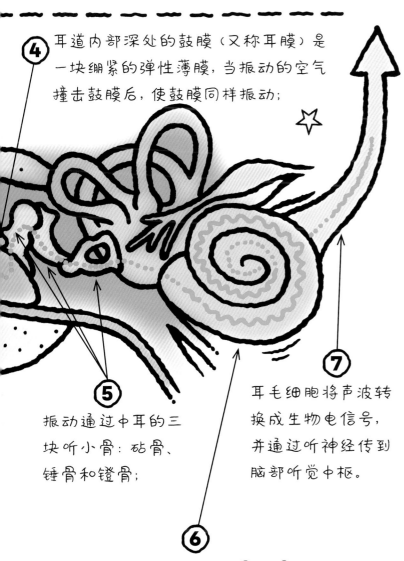

④ 耳道内部深处的鼓膜（又称耳膜）是一块绷紧的弹性薄膜，当振动的空气撞击鼓膜后，使鼓膜同样振动；

⑤ 振动通过中耳的三块听小骨：砧骨、锤骨和镫骨；

⑥ 振动传入内耳的耳蜗（头骨中螺旋形的骨管），经由耳蜗内的淋巴液，传导给感受声波的耳毛细胞；

⑦ 耳毛细胞将声波转换成生物电信号，并通过听神经传到脑部听觉中枢。

一切都是振动

令人惊讶的是，你能听到的一切只是不同的振动模式。我们可以将声波模式用图表示，如下：

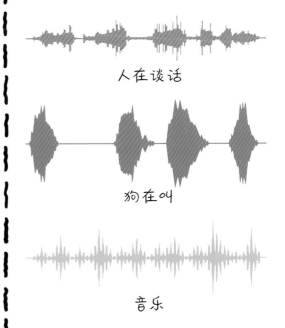

人在谈话

狗在叫

音乐

即使你同时听到了多种声波模式，你的大脑也能做出分辨，告诉你哪种是人的声音，哪种是狗的叫声，哪种是音乐声。

人在太空中能听到声音吗？

要准确回答这个问题，需要先明确人在太空的何处！例如，航天员在国际空间站（ISS）里是可以听到声音的，他们可以像在地球上一样彼此交流，甚至放松的时候也可以享受音乐。

但当航天员在外太空漂浮时，他们是听不到任何声音的。

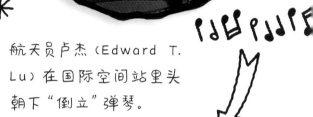

航天员卢杰（Edward T. Lu）在国际空间站里头朝下"倒立"弹琴。

你好？

空气在哪里？

在地球上，我们能够听到声音，是因为空气可以传播声波。空气是由微小的气体分子组成的。当分子来回移动并相互撞击时，声波在空气中实现传播。国际空间站里有和地球上一样的空气环境，所以声音就可以同样实现传播。

但在外太空，当你走出宇宙飞船，那里没有任何空气。

太空几乎是空的，那里只有极少数的空气分子。所以声波无法从物体传播到你的耳朵，你也就无法听到任何声音。

静寂的月球

月球上也是一样，那里没有空气或者任何其他气体，所以月球上也永远是静悄悄的。

传播介质

声波传播需要借助于"介质"。这种介质通常指空气或其他气体，但是声音也能通过液体和固体传播，这就是为什么我们隔着窗子也能够听见猫咪在窗外叫。

在这种情况下，声音传播既通过了空气，也通过了门或窗。

**没有介质，
声音寸步难行。**

太阳的声音

尽管我们和太阳之间隔着茫茫太空，不能听到太阳的任何声音，但太阳确实在振动。

科学家们已经通过望远镜观测到了太阳的振动，并将其转换成了我们可以听到的声音！那是一种沙沙、嗡嗡的声音。

9

我们为什么看不到声波？

红队加油!

当别人发出声音时，我们之所以能够听到，那是因为声波通过空气把声音能量传递了过来。

不可见的声波

但是，我们看不到两人之间的空气中发生了什么。

声波不可见的主要原因有两个：

① 空气不可见

当微小的空气分子来回移动并相互挤压时，就产生了声波。假如它们可见的话，看起来应该有点儿像这样：

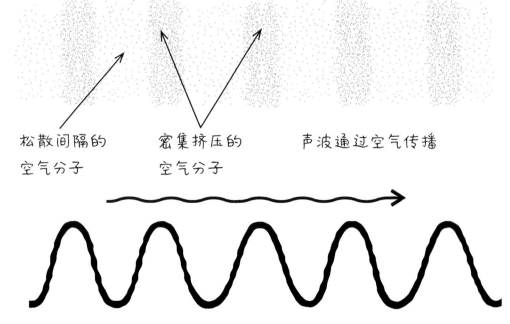

在这样的声波图上，分子挤压在一起的区域为峰值。

松散间隔的空气分子

密集挤压的空气分子

声波通过空气传播

② 声波传播速度太快

即使在液体或固体中，我们也很难看到声波，这是因为分子运动太快了，我们的眼睛根本跟不上。

海豚们在水中"畅谈"时会发出各种声音，但我们看不到水里发生的任何事情。

物体振动

然而，当一些物体发出声音时，我们可以看到它们在振动——这是了解声波"真实面貌"的好机会。

拨动吉他的琴弦，我们可以看到琴弦振动得非常快，甚至看起来有点儿模糊不清。这就是音乐声响起时空气运动、发出声波的"真面貌"。

刚刚被敲击过的钟或钹也会随着声音振动。

声效作用实验

下面这个实验可以帮助我们看到声波的作用或效果。

用一块保鲜膜紧紧覆盖住碗口。

在保鲜膜中间撒一些糖或盐。

小心翼翼地把碗放在高保真音响或收音机扬声器旁边。

嘟邦！

嘟邦！

播放一些声音高亢的音乐。看看发生了什么？

11

超声速飞机有多快？

这架F/A-18C"大黄蜂"超声速喷气式飞机突破了声障（超过声速飞行）。

嘣！

"**超声速**" 意味着速度很快！一架超声速飞机的飞行速度可以超过声音的速度！在这种情况下，会产生非常大的噪声。

在空气中，声音的传播速度约为1224千米/时。

客机的飞行速度通常低于1000千米/时。

等等我！

波音747不是超声速飞机，它飞得太慢了！

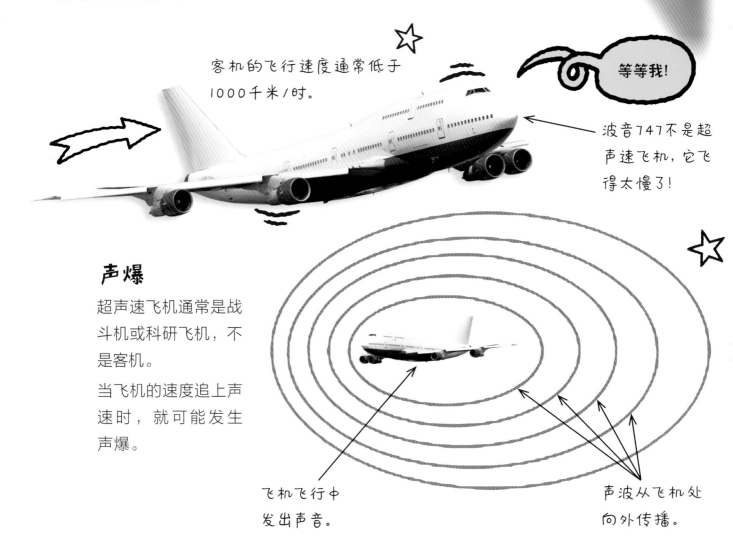

声爆

超声速飞机通常是战斗机或科研飞机，不是客机。

当飞机的速度追上声速时，就可能发生声爆。

飞机飞行中发出声音。

声波从飞机处向外传播。

当飞机飞得比声音快，飞机所发出的声音就跟不上飞机了。

声波堆积在飞机后面，形成了一个超级大的声波。

嘣!

这个锥形云是什么?

巨大的声波在飞机后部形成了一个低气压区域。在这里，空气中的水凝结成水滴，形成一个锥形的微型云团，叫作蒸汽锥。

这时在地面上，你听到的打雷般的轰隆隆声，就是声爆。

多少马赫?

超声速飞机的飞行员谈论速度时用马赫作为单位。

1马赫表示飞行速度达到空气中声音的速度。

嗖嗖嗖嗖······

巡航飞行速度达到1.5马赫······

我的飞行速度达到1马赫。

1.5马赫表示飞行速度是声速的1.5倍。

美国国家航空航天局(NASA)的X-15火箭动力飞机的飞行速度高达6.7马赫，也就是声速的6.7倍。

啪啪啪!

声速: 1224千米/时
光速: 1079252848.8千米/时

其实也不快!

这样看来，声音似乎很快。但与光速一比，声音的速度就像蜗牛一样了!

如果有人在距离你300米远的地方击球，动作发生的同时你就可以看到，但约1秒钟后才能听到击球声。

有史以来最响的声音是什么？

砰！

1883年8月27日，印度尼西亚喀拉喀托火山大爆发，发出了有史以来最响的声音之一。

什么声音？

哦啊啊，我的耳朵！

此次火山喷发的声音实在太大了，以至于65千米外的诺汉姆·卡塞尔号船上的水手们都被这声音吓坏了，他们的耳膜都快被震破了。

火山喷发的声音传到160千米外，在那里测得的声音高达172分贝(dB)。这个声音比火箭在你旁边发射还响！据说，远在5000千米外的人们也听到了此次火山喷发的剧烈声响。

近距离测量的话，这次火山喷发的声音可能高达310分贝。

声音为什么会很大?

我们都知道，声音可大可小。我们可以低声耳语，也可以大声喧哗；电视或收音机的音量可以调大调小。声音的大小取决于它的强度，也就是它携带的能量的多少。

一种声音越大，运动的空气分子就越多，它们撞击耳膜的力度也就越大。这就是非常大的声音会伤害耳朵的原因 —— 声音更加强烈地带动空气撞击耳膜!

声音越小时，空气分子随着声波来回运动的幅度就越小。

更小的声音，表现为更小的波。

声音越大时，空气分子移动得就越远、越快。

更大的声音，因为携带更多的能量，表现为更大的波。

分贝(dB)

分贝是度量声音强度的单位。分贝与其他计量单位不同，它是一个"对数"标度。也就是说，20分贝比10分贝的声音大10倍，30分贝比20分贝的声音大10倍，依次类推。

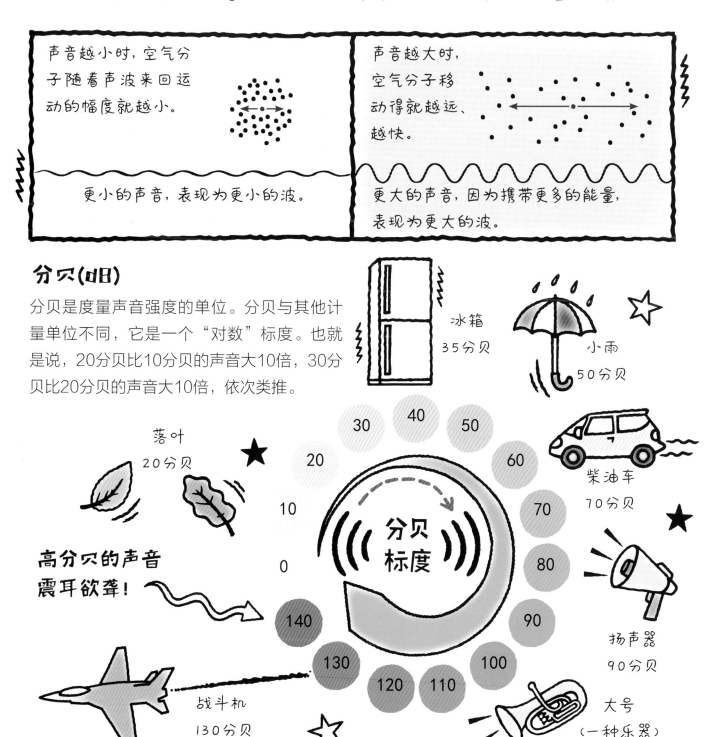

冰箱 35分贝

小雨 50分贝

落叶 20分贝

柴油车 70分贝

高分贝的声音震耳欲聋!

扬声器 90分贝

战斗机 130分贝

大号（一种乐器） 110分贝

分贝标度

20 30 40 50 60 70 80 90 100 110 120 130 140

10 0

动物的叫声为什么千奇百怪?

当狮子发怒时，它不会低声尖叫！当老鼠生气时，它也不可能高声吼叫。

我们都知道，体形较大的动物发出的声音通常比较低沉。

吱吱?

吼吼?

乐器也是如此。

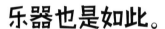
嗒嗒滴!

嗒嗒滴!

小号
体形小，音域窄

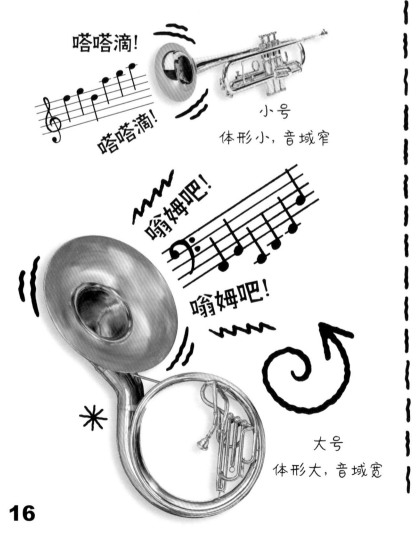
嗡姆吧!

嗡姆吧!

大号
体形大，音域宽

高音和低音

声音的"高"或"低"称为音调。

频率

音调的高低取决于声波的频率。频率越高，音调越高。

赫兹

频率通常以赫兹（每秒内声音振动的次数）来计量。

音乐用音符表示音调，人们说话也有音调变换。

16

高音

老鼠

吱吱！

间隔较小、频率较高的声波

频率达20000赫兹

低音

吼吼！

狮子

间隔较大、频率较低的声波

频率为60赫兹

振动速度

如果物体振动得很快，它就会产生频率更高的声波和更高的音调。较小、较短的物体往往振动更快，发出更高的音调；而较大、较长的物体振动较慢，发出的音调则较低。

例如，弹吉他时，人们会通过按压琴弦奏出高音。

哞哞哞！ 吼吼吼！ 喵喵喵！ 吱吱吱！

牛   狮子   猫   老鼠

动物用声带或喉咙里的其他部位来发出声音。动物越小，发声部位就越小，就越有可能发出高亢、尖锐的声音。

改变你的声音

我们说话时，音调高低十分重要。你可以自己试试看。

用不同的音调来说"不"，就有不同的含义，比如：
惊讶地说"不！"；
愤怒地说"不！"；
疑问地说"不？"。

声波去哪儿了?

当声音发出后，它很快就会消失，比如拍手声。声音发出后不可能在世界上永远传播下去。

事实上，如果声音真的能持续传播，我们的世界一定会变得异常嘈杂。因为有史以来发出的所有声音我们都仍然可以听到!

为什么声音会消失?

声音的扩散

声音发出后，声波就开始向四面八方扩散。随着扩散，声波越来越弱。

② 随着声波向远处传播，声音的覆盖面积变大。

③ 声音能量总量没变，然而被越来越分散开来。

④ 站在远处的人，听到的声音变弱。

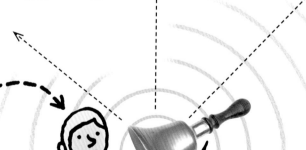

① 靠近声源的地方，更容易听清声音。

声音消失了！

声音是一种能量，而能量不会消失，只会转化为其他类型的能量。当声音使空气分子运动时，它导致空气的温度微升。最终，随着声波的扩散，所有的声能都转化为热能。

只是极少的热量，根本不足以让人感觉到！

吸收声音

碰到像软垫这样的柔软表面时，声音也会消失。

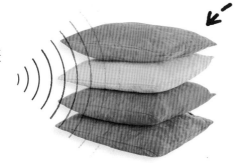

声波触动垫子里的分子并使之运动，使声能转化为热能，坐垫微微升温。

隔音房间都装有吸音材料，如软泡沫。

有的耳机上装有柔软的海绵，海绵能吸收外界的声音，让人更清楚地听到耳机里的声音。

回声

当声波撞击到坚硬光滑的表面时，它们会被反射，产生回声。石头、砖块和混凝土都能反射声音。

你大声喊……

嗨嗨嗨！

嗨嗨嗨！

墙壁会把声音反射给你。

为什么在水下很难听到声音?

如果你和朋友一起跳进游泳池，然后把头埋进水里，这时你们试着聊聊天，效果一定很不理想。

然而，鲸和海豚在水下却可以毫不费力地听到同类的声音。

为什么会这样?

水中的声音

其实，声音在水中能很好地传播。声音在水中的传播速度是在空气中的四倍多。

嘛呵呵呵呵呵呵！嘛嘛嘛嘛嘛嘛呵呵呵！*

*意思是：
我在这儿。

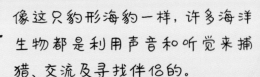

像这只豹形海豹一样，许多海洋生物都是利用声音和听觉来捕猎、交流及寻找伴侣的。

水下交谈

人类的耳朵已经进化到能够在空气中很好地发挥作用。人类的语言也是如此。虽然声音在空气和水中都能很好地传播，但在空气和水两种介质间传播时并不理想。

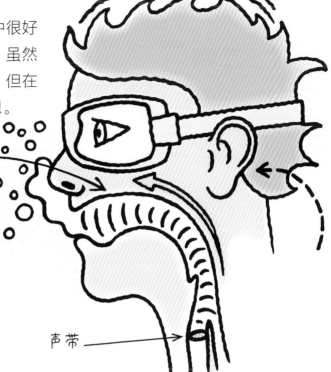

当人说话的时候，声波在喉咙和嘴巴的空气中进行传播。

当声波碰到水后，多数被反射而不是在水中扩散。

声带

其实，在水下可以听到微弱的声音

如果有人在你旁边跳进水中，你能够听到水花四溅的声音。如果你进入水中，声波触及你的头部，带动头部的骨头振动。耳朵内的耳蜗能够识别到这些振动并向大脑发送信号——但这些声音听起来有点儿陌生和不同。

扑通！

会唱歌的座头鲸

声音在水下的传播性很好。雌性座头鲸可以听到200千米外雄性座头鲸求偶的歌声。

喔喔喔喔喔噗噗噗！哞噢噢噢噢啊啊啊啊！喔喔喔喔！

聋人能感觉到声音吗？

当然能！只要声音足够大，任何人都能感觉到声音，这是因为声波是通过空气分子的运动实现传播的。

例如，大音箱播放出音乐可以使空气流动加大，站在附近就能感觉到声波向你袭来。或者它可能引起地面的振动，你可以通过脚感受到。

耳聋和声音

耳聋的程度从轻度聋（听力虽困难但能够听到一些声音）到重度聋（什么也听不见）不等。

聋人经常使用手语、写字和唇读等方法来代替声音实现交流。

聋人音乐家

轻度聋人可以与正常人一样聆听音乐。而许多重度聋人也可以通过感受振动来体验音乐。

世界上有很多聋人音乐家和舞蹈家，比如著名的说唱歌手肖恩·福布斯（Sean Forbes）。

"听到"振动

科学家们做了一些实验，试图发现聋人感觉到声音振动时他们大脑发生的变化。

他们发现，振动信号被发送到听觉皮层，也就是大脑处理声音的部位。

大脑

听觉皮层

这表明，一些聋人发展出了用身体而不是耳朵"听"的能力。

气球实验

为了帮助聋人听音乐，有人找到了更容易觉察到振动的"捷径"。

光着脚更容易感受到振动。

在音乐会上，另一种方法是站在离演奏者更近的位置。

试着吹起一个气球，然后把它放在正播放着很大声音的收音机或喇叭旁边。

手持能够更容易接收振动的物体，如塑料水瓶或气球。

8:58

按着气球的手将感受到声波。

声波能杀人吗？

如果一声巨响能震破人的耳膜，那是不是意味着一声足够大的巨响可以致人丧命呢？

答案是肯定的！但不必惊慌！

在日常生活中，我们不太可能遇到足以致命的声音。真正有威胁的声音，一定非常非常响。

声音是怎样致命的？

声音通过分子振动而发挥作用。如果声音足够大，它可以使物体发生剧烈的振动或颤动，甚至使物体损坏或碎裂。耳膜爆裂就是这种情况。

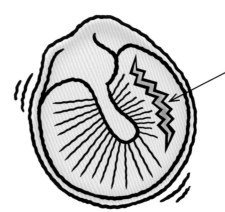

耳膜很薄，纤弱易碎。太大的声音会导致耳膜剧烈振动，进而破裂。

但是，当然啦，身体的大部分部位都比耳膜结实得多！

声波武器

声波武器利用可怕或让人痛苦的声音进行攻击，但却是一种非致命性武器。它们有时被用来驱散暴乱，或者在海上用于击退海盗等。

啊啊啊哗哗啦啦！

声波

令人痛苦的音高

对于声波武器来说，重要的不仅仅是音量的大小，还有音高（声音的高低）。

非常响亮而低沉的声音能使人的眼球、大脑、肺部和肠道振动，让人感到迷糊、头晕、呕吐，甚至无法视物。

致命的噪声

要使人的身体部位振动到足以致命的程度，噪声必须极其大——可能至少得190~200分贝。只有在少数情况下才会发出那么大的声音，比如原子弹爆炸或巨大的火山爆发。当然，除了声音，遭遇这样的事本身也是致命的！

危险！
大爆炸

声音杀手

有一种动物能够用声音杀死猎物，它就是海洋里叫声最大的动物之一——手枪虾，虽然它们的体形很小——身长还不足5厘米。

手枪虾用不可思议的力气闭合巨大的虾钳……

喷射出水柱，产生巨大气泡……

气泡爆裂，发出大约200分贝响的爆炸声，借此击晕或杀死猎物。

砰！

巨大的螯足

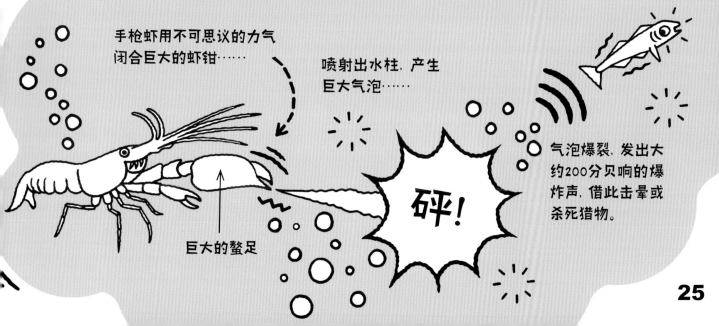

哪种动物的听力最好？

很难说哪种动物的听力最好，因为这完全取决于你的衡量标准。

我听到了！

在所有的动物当中，相对于自己的身体来说，长耳跳鼠的耳朵最大，但这并不意味着它就拥有最好的听力。

与其他动物相比，有些动物能听到更高或更低的声音；有些动物的听觉超灵敏；有些动物的听觉很特别。看看下面这些动物……

狗、狼和狐狸

狗和它们的野生亲戚狼与狐狸的听觉都非常灵敏，能听到的高音比人类能听到的高得多。

人耳不易察觉的犬笛声，狗却可以听见！

蝙蝠

蝙蝠能听到比狗能听到的更高的声音。它们吱吱喳喳地互相"交谈"，用回声定位法——一种利用声音和回声寻找猎物的方法——捕猎。

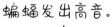
蝙蝠发出高音。

声音从飞蛾身上反射回来。

蝙蝠听到反射回来的声音。

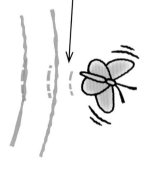
蝙蝠的大脑确定飞蛾的位置。

鲸和海豚

与蝙蝠一样，鲸和海豚也使用回声定位，只不过它们是在水下而不是在空中。有些鲸在距离很远的地方就能听到同类的声音。

巨大的耳朵

非洲象

大象

大象是世界上最大耳朵的拥有者，它们能够听到非常低的声音。大象通过地表传播的低沉的隆隆声进行交流。

虎鲸发出各种各样的声音来与同类交流。

谷仓猫头鹰在30米之外就能听到田鼠挖洞的声音。

猫头鹰

猫头鹰的面盘可以将声波导入隐藏在羽毛下的超级灵敏的耳朵中。

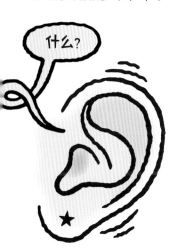

什么？

人类

我们人类的听力并不是很灵敏，但我们擅长用大脑来理解复杂的、快速变化的声音。

我们就是这样交流的！

快问快答

人类如何定位声源？

人有两只耳朵，它们最重要的作用之一就是定位声音的来源。当我们听到一个声音时，两只耳朵听到声音的时间是略有不同的，这取决于声音传来的方向。据此，你的大脑可以计算出声音传向你的角度，以及声音的来源。

世界上回声效果最好的地方在哪里？

世界上有几座建筑、洞穴和峡谷，都能够产生令人惊叹的回声效果。其中，回声效果最好的地方是印度的古尔墓庙（Gol Gumbaz）——一座带有圆形走廊的陵墓建筑。在这里，你发出的任何声音都能够回响十次以上。

为什么有些声音令人讨厌或无法忍受？

许多人无法忍受粉笔或指甲摩擦黑板发出的声音、叉子刮盘子的声音或塑料制品嘎吱嘎吱的声音。科学家们研究发现，这些声音的音高范围与人类尖叫或婴儿痛哭相近。这些声音通常具有警示作用，而人类的耳朵已经进化到对这类声音非常敏感。

嘎吱嘎吱！

为什么睡着后我们就听不到声音了？

ZZZZZl ZZZZZl

事实上，我们睡着后仍然可以听到声音。试想，如果有火警警报声响起，或者有人叫你的名字，你都会醒来。睡着后，我们感觉自己听不到声音了，实际上是大脑自动忽略了不重要的声音，以及那些相对安静的声音，这样我们才可以安睡，得到足够的休息。

哪种动物发出的声音最响亮？

抹香鲸是世界上发出的声音最响亮的动物之一，它的咔嗒声可以高达230分贝。由于空气传导声音的能力不如水，所以抹香鲸的声音传到水外后就没有那么响了。

大嗓门的男士！

术语表

超声速
比声音速度还快的速度。

耳道
通向耳朵内部的孔道，一直延伸到鼓膜。

耳郭
耳朵在外可见的部分。

耳蜗
耳内感知声音振动的螺旋形部位。

分贝
测量声音强度或响度的标度。

鼓膜
耳朵内部绷紧的膜，受到声波冲击时会振动。

赫兹
频率的单位，指每秒内周期性变动重复的次数，如每秒声波振动次数。

回声
声波从障碍物表面反射回来再度被听到的声音。

回声定位
通过发出声音，然后倾听物体反射回声来探测物体位置的方法。蝙蝠和海豚都拥有这种本领。

介质
传播声波的物质，如空气或水。

马赫
与周围空气或其他介质中的声速相比的速度单位。1马赫的速度与声速相同，2马赫的速度是声速的两倍，依次类推。

膜
薄薄的皮肤或其他材料。

凝结
气体遇冷而变成液体。

频率
一定时间内，事情重复发生的次数。

神经
大脑和身体其他部位之间传递信号的通道。

声爆
飞机或其他物体超声速飞行时，声波堆积在后面形成的巨大轰鸣声。

声波
通过分子来回振动从物体中扩散出来的能量波。

声波武器
借助令人痛苦或不舒服的声音驱散人群的武器。

声障
飞机或其他物体突破声速飞行的临界点。

听觉皮层
大脑皮层中负责感知声音的部位。

消声
没有任何回声。

扬声器
将电信号转换为声音的机器。

音高
音调的高度。

音量
声音的强度或响度。

砧骨、锤骨、镫骨
耳内三块听小骨，以它们的形状命名。

振动
快速地来回颤动。

蒸汽锥
声爆时低气压区形成的锥形云。

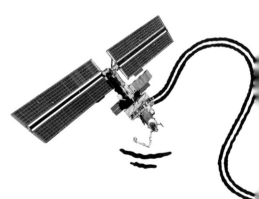